Alexander Kolloge

# Offshore-Windparks und ihr Beitrag zur Energiewende

## Eine Analyse der ökonomischen und ökologischen Faktoren der Offshore-Windkraftwerke

GRIN Verlag

**Bibliografische Information der Deutschen Nationalbibliothek:**

Die Deutsche Bibliothek verzeichnet diese Publikation in der Deutschen National-
bibliografie; detaillierte bibliografische Daten sind im Internet über http://dnb.d-
nb.de/ abrufbar.



**Impressum:**

Copyright © 2013 GRIN Verlag GmbH
Druck und Bindung: Books on Demand GmbH, Norderstedt Germany
ISBN: 978-3-656-68427-5

Seminarfacharbeit

# Welchen Beitrag können Offshore-Windparks zur Energiewende leisten?

## Eine Analyse der ökonomischen und ökologischen Faktoren der Offshore-Windkraftwerke

Alexander Kolloge

September 2013

# Inhaltsverzeichnis


1 | EINFÜHRUNG ............................................................................................................. 3

2 | GRUNDLAGEN ............................................................................................................ 4

    2.1 Offshore-Windenergie in Deutschland und Europa ......................................... 4

    2.2 Ziele und Maßnahmen der Bundesregierung für den Ausbau von Offshore-Windparks ............. 5

3 | WIRTSCHAFTLICHE ASPEKTE .................................................................................... 6

    3.1 Vor- und Nachteile von Offshore-Windkraftanlagen gegenüber Onshore-Anlagen ................ 6

    3.2 Förderung in Deutschland ................................................................................. 7

    3.3 Aufteilung und Entwicklung der Kosten ........................................................... 8

    3.4 Offshore-Energie als Wachstumsmotor ........................................................... 8

4 | ÖKOLOGISCHE ASPEKTE .......................................................................................... 10

    4.1 Bedeutung der Windenergie für den Klimaschutz .......................................... 10

    4.2 Auswirkungen auf die Meeresumwelt ............................................................ 10

5 | HINDERNISSE ............................................................................................................ 12

    5.1 Ausbau der Stromnetze ................................................................................... 12

    5.2 Unsicherheit bei der EEG-Förderung ............................................................... 12

6 | PRAXISBEISPIEL: OFFSHORE-WINDPARK ALPHA VENTUS .......................................... 13

    6.1 Allgemeines ...................................................................................................... 13

    6.2 Ertrag ................................................................................................................ 13

    6.3 Ökobilanz .......................................................................................................... 13

7 | FAZIT ......................................................................................................................... 14

8 | LITERATURVERZEICHNIS ........................................................................................... 15

    8.1 Printmedien ...................................................................................................... 15

    8.2 Zeitungsartikel .................................................................................................. 16

    8.3 Internetquellen ................................................................................................. 16

9 | ANHANG .................................................................................................................... 18

    9.1 Abbildungen ..................................................................................................... 18

# 1 | EINFÜHRUNG

❝❝ **Ein Weiter-So gibt es nicht. Der Klimaschutz ist die größte Herausforderung des 21. Jahrhunderts"**, so Bundeskanzlerin Angela Merkel bei einem Treffen mit den deutschen Energiekonzernen im Juli 2007.[1] Schon heute sind die schwerwiegenden Folgen des Klimawandels, zu denen eine Erhöhung des Meeresspiegels, gravierende Schäden an Ökosystemen und die Zunahme von Extremwetterereignissen gehören, spürbar.[2] Um in Zukunft weitreichendere Folgen des anthropogenen Klimawandel zu verhindern, ist eine Reduktion des Kohlenstoffdioxid-Ausstoßes dringend notwendig. Da die bisherige Energieproduktion, überwiegend basierend auf fossilen Energieträgern, für einen Großteil der weltweiten $CO_2$-Emissionen verantwortlich ist, nimmt die Bedeutung erneuerbarer Energien stetig zu.[3]

In dieser Seminararbeit geht es um die Frage, welchen Beitrag Offshore-Windparks zur Energieversorgung in Deutschland in Zukunft leisten können. Dazu werden zunächst die Ziele und Maßnahmen der Bundesregierung dargestellt, anschließend ökonomische und ökologische Aspekte beleuchtet und danach Hindernisse benannt. Anschließend wird die tatsächliche Umsetzung des ersten deutschen Windparks in der Nordsee, alpha ventus, betrachtet. Ziel dieser Arbeit ist es, herauszufinden, in welchem Maße Offshore-Windparks eine wirtschaftliche und zugleich nachhaltige Energieversorgung in Zukunft in Deutschland gewährleisten könnten.

Diese Fragestellung ist vor allem aus zwei Gründen von großer Bedeutung. Erstens könnten, sollten sich Offshore-Windparks als effizient und umweltschonend herausstellen, diese einen Beitrag zum Gelingen einer zeitnahen Energiewende leisten. Auf diese Weise könnte die Offshore-Technologie Deutschland zum Vorreiter bezogen auf eine nachhaltige Energieversorgung und im Kampf gegen den Klimawandel machen. Zweitens ist zu prüfen, ob die Offshore-Industrie, unter anderem durch die Schaffung zusätzlicher Arbeitsplätze und durch den Export, die Wirtschaft stärken könnte.

---

[1] Vgl. Gmünder, Simon: Klimawandel. Ursachen, Folgen und Handlungsmöglichkeiten. Zürich: 2012. S. 2.
[2] Vgl. http://www.oekosystem-erde.de/html/klimawandel-02.html.
[3] Vgl. Schrader, Christopher: Klimabilanz der Kraftwerke. In: Süddeutsche Zeitung, 17.05.2010.

# 2 | GRUNDLAGEN

## 2.1 Offshore-Windenergie in Deutschland und Europa

Als Offshore-Windparks werden Ansammlungen von Windenergieanlagen bezeichnet, deren Fundamente in der See stehen. Bisher werden sie nicht auf "hoher See" errichtet, sondern ausschließlich in der Schelfregion, die in Abbildung 1 dargestellt ist. Diese zeichnet sich durch eine geringe Entfernung zum Festland und relativ flachen Grund aus.[4]

Obwohl es die ersten Ideen für Offshore-Windparks bereits in den 1970er-Jahren gab, wurden die ersten kleineren europäischen Demonstrationsmodelle erst in den 1990er-Jahren gebaut. Die ersten kommerziellen Windparks mit einer Leistung von bis zu 160 MW Leistung entstanden ab dem Jahr 2000.[5] Heute drehen sich in der Nord- und Ostsee schon 1571 Windräder, die über 4800 MW Leistung erbringen, was der Leistung von dreieinhalb Kernkraftwerken entspricht.[6, 7]

Die meisten aktiven Offshore-Windparks gehören zu Großbritannien (18), Dänemark (12), den Niederlanden (4) und Schweden (4). Zu Deutschland gehören bisher nur drei aktive Windparks, "alpha ventus" mit 12 Windkraftanlagen und einer Leistung von 60 MW, "Baltic 1" mit 21 Windkraftanlagen und einer Leistung von 48,3 MW und "BARD Offshore 1" mit 80 Windkraftanlagen und einer Leistung von 400 MW. Allerdings befinden sich 29 weitere Windparks in der Nordsee und vier in der Ostsee in der Bau- oder Planungsphase.[8]

Da die Windgeschwindigkeiten auf See im Vergleich zu Standorten an Land deutlich höher sind, können Offshore-Windparks etwa 40 % mehr Strom erzeugen als vergleichbare Onshore-Projekte. Jedoch muss mit höheren Kosten bei der Errichtung, z. B. für spezielle Gründungstechniken und die Seeverkabelung, und technischen Schwierigkeiten, wie beispielsweise Meerestiefen von bis zu 40 Metern oder einem hohen Salzgehalt der Luft, gerechnet werden. Deshalb ist die optimale Auslegung eines Offshore-Windparks größer als

---


[4] Vgl. Böttcher, Jörg: Handbuch Offshore-Windenergie. Rechtliche, technische und wirtschaftliche Aspekte. München: 2013. S. 530-546.

[5] Vgl. Bührke, Thomas; Wengenmayr, Roland: Erneuerbare Energie. Alternative Energiekonzepte für die Zukunft. Weinheim: 2007. S. 15.

[6] Vgl. http://www.offshore-windenergie.net/windparks.

[7] Vgl. http://www.bfs.de/kerntechnik/ereignisse/standorte/karte_kw.html.

[8] Vgl. http://www.offshore-windenergie.net/windparks.

für einen Windpark an Land. Zudem muss die Zuverlässigkeit der Anlagen auf See besonders hoch sein, da längere Stillstandszeiten zu großen Verlusten führen können.[9]

## 2.2 Ziele und Maßnahmen der Bundesregierung für den Ausbau von Offshore-Windparks

Im Energiekonzept von 2011 legte die Bundesregierung ihre energie- und klimapolitischen Ziele fest. Zentrale Punkte des Konzeptes sind die Reduzierung der Treibhausgasemissionen bis 2050 um mindestens 80 % gegenüber 1990, die Erhöhung der Energieeffizienz und die Erhöhung des Anteils der erneuerbaren Energien an der Bruttostromerzeugung bis zum Jahr 2050 auf 80 % (siehe Abbildung 2). Des Weiteren sollen ein schrittweiser Ausstieg aus der Kernenergie bis 2022 und eine Beschleunigung des Netzausbaues umgesetzt werden.[10] Bis 2020 möchte die Bunderegierung 10.000 MW Offshore-Kapazitäten ans Netz bringen, was einem Strombedarf von 11.400.000 Haushalten entspricht; zehn Jahre später sollen 25.000 MW durch Offshore-Windparks am Netz sein.[11] Der jährliche Stromertrag würde in diesem Fall etwa 85 bis 100 TWh betragen und entspräche rund 15 % des heutigen Stromverbrauchs in Deutschland.[12]

Diesen Ausbau unterstützt die Bundesregierung mit unterschiedlichen Mitteln. So garantiert das neue Erneuerbare-Energien-Gesetz (EEG) den Besitzern von Offshore-Windparks festgesetzte Einspeisevergütungen, zu denen die Anlagenbesitzer die Energie unabhängig von der Stromnachfrage ins Netz einspeisen können (siehe 3.2, Förderung in Deutschland). Auch wurde die Anbindung der Offshore-Windparks erleichtert: Seit 2012 bietet der so genannte Offshore-Netzentwicklungsplan die Grundlage für den Bau und eine erleichterte Anbindung neuer Anlagen. Durch neue Haftungsregeln sollen Investitionen in den Neubau von Offshore-Windparks zudem attraktiver gemacht werden.[13]

Die Ausbauziele werden von Hermann Albers, dem stellvertretenden Präsident des Bundesverband WindEnergie e.V., jedoch als unrealistisch angesehen. Er rechnet mit 6500 bis 7000 MW bis 2020.[14] Auch der Netzbetreiber Tennet weist darauf hin, dass erst

---

[9] Vgl. Dr. Dürrschmidt, Wolfhart; Hammer, Elke: Erneuerbare Energien. Innovationen für eine nachhaltige Energiezukunft. Berlin: 2009. S. 68 - 70.

[10] Vgl. http://www.bmwi.de/DE/Themen/Energie/Energiewende/energiekonzept,did=490752.html.

[11] Vgl. DPA: Windparks. Regierung verfehlt Offshore-Ziele klar. In: Der Spiegel, 11.07.2013.

[12] Vgl. Dr. Dürrschmidt: Erneuerbare Energien. S. 69.

[13] Vgl. http://www.bundesregierung.de/Content/DE/Artikel/2012/08/2012-08-29-neuregelungen-offshore-anbindung.html.

[14] Vgl. Uken, Marlies: Offshore-Ziele kaum noch zu schaffen. In: Die Zeit, 11.01.2012.

Windparks mit einer Leistung von 2900 MW bisher über eine Finanzierung verfügen würden.[15]

Auch auf europäischer Ebene wird durch die Erneuerbare-Energie-Richtlinie von 2009 festgelegt, welcher Anteil des Endenergieverbrauchs aus erneuerbaren Energien stammen soll. Für Deutschland ist bis 2020 das Ziel vorgesehen, dass 18% des Stroms aus erneuerbaren Energiequellen stammen.[16] Die Stromerzeugung aus Offshore-Kapazitäten soll in Europa insgesamt 140 TWh bis 2020 betragen. Nach einer Analyse der Europäischen Kommission könnte sie aufgrund zu geringer Anstrengungen der Länder und aufgrund von unerwartet auftretenden Problemen bei dem Ausbau der Stromnetze jedoch bei nur 43 TWh liegen (siehe Abb. 3).[17]

## 3 | WIRTSCHAFTLICHE ASPEKTE

### 3.1 Vor- und Nachteile von Offshore-Windkraftanlagen gegenüber Onshore-Anlagen

Offshore-Windkraftwerke besitzen tendenziell aus drei Gründen das Potential, wirtschaftlicher zu sein als vergleichbare Onshore-Anlagen. Erstens bläst der Wind auf dem Festlandsockel in der Regel stärker und kontinuierlicher als an Land. Da die Leistung mit der dritten Potenz der Windgeschwindigkeit steigt, eine doppelte Windgeschwindigkeit also die achtfache Leistung zur Folge hat, fällt dieser Standortvorteil stark ins Gewicht. Zweitens können Offshore-Anlagen häufig mit größeren Rotorblättern ausgestattet werden, da weder der Schattenwurf noch die Lautstärke eine Mehrbelastung von Anwohnern zur Folge haben. Dieses ist aufgrund der Tatsache von großer Bedeutung, dass die Leistung einer Anlage mit dem Quadrat des Rotordurchmessers steigt. Ein doppelter Durchmesser führt also zur vierfachen Leistung eines Windkraftwerkes. Drittens kann durch eine größere Nabenhöhe ein positiver Effekt erzielt werden, da störende Bodeneffekte abnehmen.[18] Insgesamt lässt sich durch diese Standortvorteile ein Mehrertrag von 40 bis 50 % gegenüber guten

---

[15] Vgl. Lorenzen, Meike: Tennet muss Stromnetz täglich vor Zusammenbruch retten. In: Wirtschaftswoche, 03.09.2013.

[16] Vgl. http://www.bmwi.de/DE/Themen/Energie/Energiepolitik/europaeische-energiepolitik,did=281904.html.

[17] Vgl. Europäische Kommission: Bericht der Kommission an das Europäische Parlament, den Rat, den europäischen Wirtschafts- und Sozialausschuss und den Ausschuss der Regionen. Fortschrittsbericht "Erneuerbare Energien". Brüssel: 2013. S. 5-6.

[18] Vgl. Watter, Holger: Nachhaltige Energiesysteme. Grundlagen, Systemtechnik und Anwendungsbeispiele aus der Praxis. Wiesbaden: 2009. S. 44-52.

Küstenregionen erzielen. Hinzu kommt, dass auf dem Festlandsockel in der Regel größere zusammenhängende Flächen als an Land zur Verfügung stehen.[19]

Ein Nachteil der Offshore-Energie ist, dass größere technische Herausforderungen beim Bau bestehen. Dies betrifft insbesondere die Fundamente und den Netzanschluss, die deshalb wichtige Kostenfaktoren für Offshore-Windparks darstellen. Auch beim Betrieb können Faktoren wie Korrosionsgefahr durch salzhaltige Luft und schlechte Erreichbarkeit, insbesondere bei Stürmen, Herausforderungen für den Betrieb der Windparks darstellen. Direkt in Verbindung mit diesen Risikofaktoren steht die längere Bauzeit. Während bei Onshore-Windparks die Bauzeit meist im Bereich von 6-12 Monaten liegt und damit für Investoren überschaubar ist, weisen Offshore-Windparks in der Regel eine Bauzeit von mehreren Jahren auf. Zuletzt besteht ein Unterschied in der Losgröße möglicher Direktinvestitionen. Die Investitionssumme vieler Onshore-Windparks liegt im Bereich von 10-100 Mio. Euro (wobei Einzelanlagen bzw. kleine Parks auch darunter liegen können), wohingegen für Offshore-Windparks Investitionen von oft über 1 Mrd. Euro erforderlich sind. Folglich sind Offshore-Windparks für Einzelinvestoren nicht optimal.[20]

### 3.2 Förderung in Deutschland

Das Gesetz für den Vorrang Erneuerbarer Energien (umgangssprachlich auch als Erneuerbare Energien Gesetz (EEG) bezeichnet) ist ein wichtiger Motor für den Ausbau der Erneuerbaren Energien in Deutschland. Es verpflichtet die Netzbetreiber dazu, Strom aus Erneuerbaren Energien vorrangig abzunehmen und mit einem festgelegten Fördersatz zu vergüten.[21]

Laut der Neufassung des EEG (Stand Januar 2012) erhalten Offshore-Anlagen eine Grundvergütung von 3,5 Cent/Kilowattstunde über 20 Jahre und eine Anfangsvergütung von 15 Cent/Kilowattstunde für die ersten 12 Betriebsjahre. Die Anfangsvergütung verlängert sich für jeden Meter, der über eine Wassertiefe von 20 Metern hinausgeht, um 1,7 Monate und für jede Seemeile, zuzüglich der Basisentfernung von zwölf Seemeilen, um 0,5 Monate. Voraussetzung hierfür ist, dass die Anlagen spätestens bis zum Jahr 2015 ans Netz gehen.[22]

---


[19] Vgl. Bührke: Erneuerbare Energie. S. 15-18.
[20] Vgl. Böttcher, Jörg: Handbuch Offshore-Windenergie. Rechtliche, technische und wirtschaftliche Aspekte. München: 2013. S. 530-539.
[21] Vgl. Böttcher: Handbuch Offshore-Windenergie. S. 4-5.
[22] Vgl. Böttcher: Handbuch Offshore-Windenergie. S. 5-8.

### 3.3 Aufteilung und Entwicklung der Kosten

Seit den 1990er Jahren haben sich die Gesamtkosten für Windkraftanlagen stark verringert. Zwar haben sich die Investitionskosten für Windkraftanlagen vergleichbarer Größe kaum verändert, dafür erreichen neuere Anlagen allerdings deutlich höhere Leistungsklassen. Dies kann auch der Abbildung 4 entnommen werden, wobei darauf hinzuweisen ist, dass für die angegebenen spezifischen Preise unterschiedliche Rahmenbedingungen gelten.[23]

Zusätzlich zu den Kosten für den reinen Kauf der Windkraftanlage entstehen auch Investitionsnebenkosten, die unter anderem für Planung, Installation, Fundament, Netzanschluss und Transport aufgewendet werden müssen. Bei Onshore-Windkraftanlagen betragen sie zusammen durchschnittlich 34,5%.[24] Wie sich Abbildung 5 entnehmen lässt, fließen für Offshore-Projekte hingegen durchschnittlich 20% in die Fundamente, 20% in die Installation und 15% in den Netzanschluss. Jedoch variieren die Kosten stark, da tieferes Wasser und eine größere Entfernung zum Festland in der Regel aufwändigere Fundamenttypen, längere Kabelverbindungen und eine erschwerte Zugänglichkeit nach sich ziehen.[25]

Der führende Hersteller von Offshore-Windkraftanlagen, Siemens Windenergie, hält es für möglich, die Kosten des Offshore-Windstromes bis zum Jahr 2020 um insgesamt 40% zu senken. Kostensenkungspotentiale sieht das Unternehmen vor allem durch Gewichtsreduzierungen, industrielle Serienfertigung und schwimmende Fundamente.[26] Der chinesische Hersteller Envision sieht zudem Einsparpotential durch eine Verringerung der Flügelzahl.[27]

### 3.4 Offshore-Energie als Wachstumsmotor

Das Bundesministerium für Umwelt, Naturschutz und Reaktorsicherheit errechnete, dass im Jahr 2009 insgesamt 339.500 Arbeitsplätze durch erneuerbare Energien in Deutschland entstanden. Davon entfielen über 30 % auf die Offshore- und Onshore-Windenergie, alles in allem 102.100 Arbeitsplätze. Wie es Abbildung 6 entnommen werden kann, entstanden

---

[23] Vgl. Quaschning, Volker: Regenerative Energiesysteme. Technologie - Berechnung - Simulation. München: 2007/2008. S. 315.
[24] Vgl. Quaschning: Regenerative Energiesysteme. S. 316.
[25] Vgl. Böttcher: Handbuch Offshore-Windenergie. S. 76.
[26] Vgl. Preuß, Olaf: Siemens setzt auf das Geschäft mit Windparks im Meer. In: Hamburger Abendblatt, 16.07.2013.
[27] Vgl. http://scandasia.com/chinese-use-danish-expertise-to-enter-european-market/.

etwa 83 % der Arbeitsplätze durch Investitionen (einschließlich Exporten) und etwa 17% durch Wartung und Betrieb. Von 2007 bis 2009 war insgesamt ein Zuwachs um 17 % zu verzeichnen.[28] Der Großteil der Arbeitsplätze entstand zwar bisher im Onshore-Bereich, aber das Bundesumweltministerium erwartet mindestens 30.000 neue Arbeitsplätze im Bereich der Offshore-Windenergie.[29] Ein Großteil der Arbeitsplätze könnte im Bundesland Niedersachsen entstehen, da dieses nach Bayern bundesweit das zweithöchste Ausbaupotential bezogen auf die Windenergiebranche hat.[30]

Auch indirekt entstehen weitere Arbeitsplätze, so beispielsweise in der Schifffahrt. Der Energiekonzern RWE geht davon aus, dass allein zur Errichtung und Wartung der eigenen bisher geplanten Windparks eine Flotte von 30 bis 40 Schiffen notwendig ist. Jedoch ist für den Bau erforderlicher Spezialschiffe Ingenieurs-Know-how notwendig, das nur wenige deutsche Werften besitzen. Benötigt werden unter anderem "Errichterschiffe" mit riesigen Krananlagen und "Jack-Up-Schiffe", die sich während der Bauphase mehrmals am Tag über den Meeresspiegel heben und wieder senken müssen. Sowohl im Rahmen der Weiterentwicklung der Technologie als auch durch den Bau der Schiffe könnten weitere Arbeitsplätze, gerade in den norddeutschen Bundesländern, entstehen.[31]

Des Weiteren rechnet das Bundesministerium für Umwelt, Naturschutz und Reaktorsicherheit bei einer optimistischen Schätzung damit, dass im Jahr 2020 die deutschen Exporte von erneuerbaren Energien insgesamt ein Volumen von 29,7 Mrd. Euro umfassen könnten. Wie es Abbildung 7 entnommen werden kann, werden die meisten Exporte vermutlich nach Nordamerika, Europa und China gehen. Das Bundesministerium sieht gerade in hochtechnologischen Anlagen, wie beispielsweise Offshore-Technik, Chancen für deutsche Betriebe.[32]

---

[28] Vgl. Dr. van Mark, Michael: Erneuerbare beschäftigt! Kurz- und langfristige Arbeitsplatzwirkungen des Ausbaus der erneuerbaren Energien in Deutschland. Berlin: 2010. S. 17.
[29] Vgl. Schulz, Jürgen: Magazin des Bundesumweltministeriums. Wachstumsmotor Umwelt und Energie. Berlin: 2010. S. 6.
[30] Vgl. http://foederal-erneuerbar.de/landesinfo/bundesland/NI/kategorie/top%2010/#goto_180.
[31] Vgl. Ludwig, Thorsten; Seidel, Holger; Tholen, Jochen: Offshore-Windenergie. Perspektiven für den deutschen Schiffbau. Düsseldorf: 2012. S. 74-82.
[32] Vgl. Dr. van Mark: Erneuerbare beschäftigt! S. 19-27.

# 4 | ÖKOLOGISCHE ASPEKTE

## 4.1 Bedeutung der Windenergie für den Klimaschutz

Während im Jahr 1990 noch 1251 Millionen Tonnen $CO_2$ - Äquivalente in Deutschland emittiert wurden, waren es im Jahr 2012 nur noch 931 Millionen Tonnen $CO_2$ - Äquivalente.[33] An der CO2-Reduktion ist die Windkraft maßgeblich beteiligt. Im Jahr 2012 lieferten die erneuerbaren Energien 22 % der Bruttostromerzeugung in der Bunderepublik; durch Windenergie wurden davon 7,3 % bereitgestellt (siehe Abb. 8). Würde der Anteil der Windenergie an der Stromerzeugung bis 2025 auf 25 % steigen, würden die Kohlenstoffdioxid-Emissionen um 10 % vermindert werden.[34]

## 4.2 Auswirkungen auf die Meeresumwelt

Die Nutzung von Windkraftwerken im maritimen Bereich führt unweigerlich zu einem Eingriff in den Lebensraum maritimer Säugetiere. Deshalb ist es notwendig, sich auf die Auswirkungen auf Wale und Robben, auf die Fischfauna und auf Seevögel zu konzentrieren.[35]

In der Nord- und Ostsee sind drei Walarten (Schweinswal, Weißschnauzendelphin und Atlantischer Weißseitendelphin) und drei Robbenarten (Seehund, Kegelrobbe und Ringelrobbe) beheimatet. Ein großes Problem stellt für alle Arten der Habitatverlust dar. Insbesondere im Zusammenhang mit ungestörten Paarungs- und Aufzuchtgebieten sowie dem Bestand und der Verteilung der Nahrungsorganismen der Tiere ist dies von Bedeutung. Gerade für die Ostseepopulation der dort verbreiteten Schweinswale sieht die Alfred Töpfer Akademie für Naturschutz Offshore-Windparks als eine starke mögliche Gefährdung. Ein weiterer möglicher Gefährdungsfaktor ist durch den Schalleintrag der Windkraftanlagen in die umliegenden Gewässer und damit in Verbindung stehende mögliche physiologische und verhaltensbiologische Folgen für die Tiere gegeben. Insbesondere von der durch die schallintensive Montage der Windkraftanlagen verursachten Lautstärke geht nach Einschätzung der Alfred Töpfer Akademie für Naturschutz eine Gefahr für maritime

---

[33] Vgl. Umweltbundesamt: Treibhausgasausstoß in Deutschland 2012. Vorläufige Zahlen aufgrund erster Berechnungen und Schätzungen des Umweltbundesamtes. o. O. 2012. S. 3.
[34] Vgl. Dr. Strohschneider, Renate: Offshore-Windparks und Naturschutz - Konzepte und Entwicklungen. Schneverdingen: 2003. S. 65.
[35] Vgl. Dr. Strohschneider: Offshore-Windparks und Naturschutz. S. 13-22.

Säugetiere aus. Die Folgen der Betriebsgeräusche auf die Meeresumwelt sind weitgehend unerforscht.[36]

Ferner können die Sedimentaufwirbelungen während der Bauphase das Verhalten der Fischfauna beeinflussen. Die in Nord- und Ostsee beheimateten Fische reagieren artspezifisch auf die damit verbundenen Trübungen des Wassers. Bedenklich sind die Auswirkungen unter anderem bei Plattfischen, wie Schollen und Seezungen, die sich bei Wassertrübungen häufig aus dem Sediment wagen, das ihnen sonst als schützender Rückzugsort dient. Im Vergleich zu anderen Beispielen natürlicher oder anthropogener Sedimentaufwirbelungen, wie zum Beispiel Stürmen oder dem Fischfang, sind die Auswirkungen des Windkraftwerkbaues jedoch als gering zu betrachten. Des Weiteren könnte eine Erhöhung des Lärmpegels zur Folge haben, dass sich bestimmte Arten aufgrund des hörbaren Schalls oder des Infraschalls nicht in der Nähe von Windkraftanlagen aufhalten werden. Die Empfindlichkeit vieler Arten ist jedoch nicht hinreichend erforscht. Gleiches gilt für die Auswirkungen von elektrischen und magnetischen Felder um die Gleichstromleitungen, die Gesundheit, Fortpflanzungsfähigkeit und Orientierungsverhalten der Fische verändern könnten. Eine Zunahme bestimmter Arten wird durch die Einbringung von Hartsubstraten, die als Fundament dienen, erwartet.[37] Laut einer Studie des Bundesamtes für Seeschifffahrt und Hydrographie war insbesondere von Bodenlebewesen wie Schnecken, Krebsen und Würmern im Bereich der Anlagenfundamente eine starke Zunahme der Ansiedlung zu beobachten.[38]

Auch Kollisionen von Vögeln und Fledermäusen mit Windkraftanlagen müssen als potentielle Gefahr betrachtet werden. Das Bundesamt für Seeschifffahrt und Hydrographie schrieb in seiner Jahresbilanz 2011: "Die Zahl der Todfunde von Zugvögeln ist sehr gering. Vogelschlag kann gehäuft nur eintreten, wenn für die Vögel während des Zugs überraschend Sturm oder Nebel auftreten."[39] Jedoch ist anzumerken, dass die verschiedenen Tierarten in extrem unterschiedlichem Ausmaße von Kollisionen betroffen waren. Wie Abbildung 9 zu entnehmen ist, sind insbesondere Greifvögel oft betroffen. Dies liege laut dem Landesumweltbundesamt Brandenburg daran, dass sich Greifvögel unter anderem bei der Balz oder Nahrungssuche über größere Strecken fliegend bewegen und dabei die


[36] Vgl. Dr. Strohschneider: Offshore-Windparks und Naturschutz. S. 13-18.
[37] Vgl. Dr. Strohschneider: Offshore-Windparks und Naturschutz. S. 19-22.
[38] Vgl. Uken, Marlies: Offshore-Windräder noch keine Todesmühlen für Vögel. In: Zeit Online. 12.01.2012.
[39] http://www.bsh.de/de/Das_BSH/Presse/Pressearchiv/Pressemitteilungen2012/01-2012.jsp.

Umlaufgeschwindigkeit der Rotorspitzen nicht richtig einschätzen würden, da der Gesamteindruck eine relativ langsame Bewegung vortäusche.[40] Nach einer dänischen Studie seien Kollisionen jedoch die Ausnahme. Bei der Überwachung einer Windenergieanlage in einem der am stärksten frequentierten Fluggebiete für 2400 Stunden seien nur 15 Vögel und Fledermäuse in die Nähe der Anlage gekommen und nur bei einer Fledermaus sei es zu einer Kollision gekommen.[41]

## 5 | HINDERNISSE

### 5.1 Ausbau der Stromnetze

Ein entscheidendes Hindernis für den weiteren Ausbau von Offshore-Windparks stellen nicht ausreichend ausgebaute Stromnetze dar. Der niederländische Stromnetzbetreiber Tennet musste im ersten Halbjahr 2013 nahezu täglich das Stromnetz stabilisieren, um Ausfälle und Überlastungen zu vermeiden. Häufig mussten dazu Windräder gestoppt werden. Für den Ausbau sind Gesamtinvestitionen in Höhe von 21 Milliarden Euro notwendig; Tennet hat bisher Investitionsentscheidungen über ein Viertel des Betrages getroffen.[42]

### 5.2 Unsicherheit bei der EEG-Förderung

Das Ziel der Bundesregierung, bis 2020 Offshore-Windparks mit einer Leistung von zehn Gigawatt zu errichten, sei laut dem Netzbetreiber Tennet deshalb nicht erreichbar, weil erst 29 % der für das Ziel benötigten Windparks finanziert seien. Begründet wird die Investitionszurückhaltung von der Offshore-Branche damit, dass ab 2017 die Förderkonditionen deutlich schlechter werden. Ab dann erhalten Investoren statt einer Anfangsvergütung von 19 Cent je Kilowattstunde nur noch 13,95 Cent.[43] Auch die Diskussion um die so genannte "Strompreisbremse" sowie die Pläne der Bundesregierung zu einer grundlegenden Reform des EEG haben bei Investoren und Anlagenbauern für Unsicherheit gesorgt.[44]

---

[40] Vgl. Dürr, Tobias; Langgemach, Torsten: Greifvögel als Opfer von Windkraftanlagen. Nennhausen: 2006. S. 1-2.

[41] Vgl. Fairley, Peter: Seevögel kontra Windkraft. In: Technology Review, 23.02.2007.

[42] Vgl. Lorenzen, Meike: Tennet muss Stromnetz täglich vor Zusammenbruch retten. In: Wirtschaftswoche, 03.09.2013.

[43] Vgl. DPA: Windparks. Regierung verfehlt Offshore-Ziele klar. In: Der Spiegel, 11.07.2013.

[44] Vgl. Buteweg, Jörg: Radensleben: "Die Strompreisbremse schafft Unsicherheit". In: Badische Zeitung, 18.03.2013.

# 6 | PRAXISBEISPIEL: OFFSHORE-WINDPARK ALPHA VENTUS

## 6.1 Allgemeines

Am 27. April 2010 ging "alpha ventus", der erste deutsche Offshore-Windpark in der Nordsee, 45 Kilometer nördlich von Borkum in Betrieb. Der Windpark umfasst zwölf Windräder der Fünf-Megawatt-Klasse, die rund 50.000 Drei-Personen-Haushalte mit Energie versorgen können. Der Windpark, der über ein Seekabel mit dem niedersächsischen Festland verbunden ist, soll als Testfeld genutzt werden, sodass künftige Projekte vom Bau und Betrieb profitieren können.[45]

## 6.2 Ertrag

Der Jahresertrag des Windparks "alpha ventus" lag im Jahr 2012 bei 267,8 Gigawattstunden Strom, die ins Übertragungsnetz eingespeist wurden. Das entspricht dem Strombedarf von rund 70.000 Vier-Personen-Haushalten. Mit 267,8 GWh lag der Energieertrag 15,3% über dem prognostizierten Wert. Die Anlagenverfügbarkeit betrug 2012 durchschnittlich 96,5 %. Diese positive Ertragstendenz setzte sich auch im ersten Quartal des Jahres 2013 fort. In dieser Zeit speiste der Windpark annähernd so viel Energie wie im Quartal des Vorjahres ein.[46]

## 6.3 Ökobilanz

Wie es Abbildung 10 entnommen werden kann, entstehen durch den Windpark "alpha ventus" Emissionen in Höhe von 149.000 $CO_2$-Äquivalenten. Davon entfallen 77 % auf die Herstellung, 21 % auf die Nutzung und 1 % auf die Entsorgung. Bezogen auf die Herstellung spielt neben der Produktion der Windkraftanlagen auch die in Abbildung 11 dargestellte Netzanbindung eine große Rolle, bei der insbesondere die Verlegung der Seekabel zu einem hohen CO2-Ausstoß führt. Bei genauerer Betrachtung der in Abbildung 12 dargestellten Treibhausgaspotentiale in der Nutzungsphase fällt auf, dass fast drei Viertel der $CO_2$-Äquivalente auf Schiffseinsätze zurückzuführen sind. Eine untergeordnete Rolle spielen Helikoptereinsätze, Rotorblattwechsel und Getriebewechsel. Die Entsorgungsphase setzt

---

[45] Vgl. Schulz, Jürgen: Magazin des Bundesumweltministeriums. Wachstumsmotor Umwelt und Energie. Berlin: 2010. S. 6.
[46] Vgl. http://alpha-ventus.de/index.php?id=137.

sich aus den Demontage- und Abtransport-Aufwendungen zusammen, wobei davon ausgegangen wird, dass die Gründungspfähle im Boden verbleiben.[47]

Bei Betrachtung der gesamten Bereitstellungskette ist eine Kilowattstunde Elektrizität aus dem Windpark "alpha ventus" mit circa 30 g $CO_2$-Äquivalenten behaftet. Im Vergleich dazu lag der Strommix im Jahr 2010 bei circa 665 g $CO_2$-Äquivalenten pro Kilowattstunde. Die $CO_2$-Äquivalent-basierte Amortisationszeit liegt, wenn im Zweifelsfall Annahmen zugrunde gelegt werden, die tendenziell zu pessimistischeren Rechenergebnissen führen, bei etwa 1,4 Jahren.[48]

## 7 | FAZIT

Die Analyse der ökonomischen und ökologischen Faktoren zeigt, dass Offshore-Windkraftwerke sowohl eine nachhaltige als auch eine wirtschaftliche Alternative zu fossilen Brennstoffen und Atomenergie darstellen. In Anbetracht der Tatsache, dass die Produktionskosten tendenziell abnehmen, wird sich die Wirtschaftlichkeit der Windenergieanlagen gegenüber konventionellen Kraftwerken weiter erhöhen. Des Weiteren könnten mehrere Zehntausend Arbeitsplätze, großenteils in den norddeutschen Bundesländern, entstehen und die Exportwirtschaft könnte gestärkt werden. Auch aus ökologischen Gesichtspunkten ist der Einsatz von Offshore-Windparks sinnvoll. Zwar sind ausführlichere Studien notwendig, um bessere Kenntnisse bezogen auf die Auswirkungen auf die Meeresumwelt zu besitzen und ggf. Maßnahmen einleiten zu können, jedoch leistet Windkraft einen bedeutenden Beitrag dazu, dass die Energieproduktion mit einer geringeren $CO_2$-Emission verbunden ist.

Das Ziel der Bundesregierung, im Rahmen der Energiewende bis zum Jahr 2030 insgesamt 25.000 MW Offshore-Kapazitäten ans Netz zu bringen, kann allerdings nur erreicht werden, wenn der Ausbau der Stromnetze vorangetrieben und die Förderkonditionen so ausgerichtet sind, dass Offshore-Windparks so lange rentabel bleiben, bis diese wettbewerbsfähig sind.

---

[47] Vgl. Wagner, Hermann-Josef; Baack, Christoph; Eickelkamp, Timo; Epe, Alexa; Kloske, Karin; Lohmann, Jessica; Troy, Stefanie: Die Ökobilanz des Offshore-Windparks alpha ventus. Münster: 2010. S. 21-56.
[48] Vgl. Wagner: Die Ökobilanz des Offshore-Windparks alpha ventus. S. 57-59.

# 8 | LITERATURVERZEICHNIS

## 8.1 Printmedien


Böttcher, Jörg: Handbuch Offshore-Windenergie. Rechtliche, technische und wirtschaftliche Aspekte. München: 2013.

Bührke, Thomas; Wengenmayr, Roland: Erneuerbare Energie. Alternative Energiekonzepte für die Zukunft. Weinheim: 2007.

Dürr, Tobias; Langgemach, Torsten: Greifvögel als Opfer von Windkraftanlagen. Nennhausen: 2006.

Dr. Dürrschmidt, Wolfhart; Hammer, Elke: Erneuerbare Energien. Innovationen für eine nachhaltige Energiezukunft. Berlin: 2009.

Europäische Kommission: Bericht der Kommission an das Europäische Parlament, den Rat, den europäischen Wirtschafts- und Sozialausschuss und den Ausschuss der Regionen. Fortschrittsbericht "Erneuerbare Energien". Brüssel: 2013.

Gmünder, Simon: Klimawandel. Ursachen, Folgen und Handlungsmöglichkeiten. Zürich: 2012.

Ludwig, Thorsten; Seidel, Holger; Tholen, Jochen: Offshore-Windenergie. Perspektiven für den deutschen Schiffbau. Düsseldorf: 2012.

Quaschning, Volker: Regenerative Energiesysteme. Technologie - Berechnung - Simulation. München: 2007/2008.

Schulz, Jürgen: Magazin des Bundesumweltministeriums. Wachstumsmotor Umwelt und Energie. Berlin: 2010.

Dr. Strohschneider, Renate: Offshore-Windparks und Naturschutz - Konzepte und Entwicklungen. Schneverdingen: 2003.

Umweltbundesamt: Treibhausgasausstoß in Deutschland 2012. Vorläufige Zahlen aufgrund erster Berechnungen und Schätzungen des Umweltbundesamtes. o. O. 2012.

Dr. van Mark, Michael: Erneuerbare beschäftigt! Kurz- und langfristige Arbeitsplatzwirkungen des Ausbaus der erneuerbaren Energien in Deutschland. Berlin: 2010.

Wagner, Hermann-Josef; Baack, Christoph; Eickelkamp, Timo; Epe, Alexa; Kloske, Karin; Lohmann, Jessica; Troy, Stefanie: Die Ökobilanz des Offshore-Windparks alpha ventus. Münster: 2010.

Watter, Holger: Nachhaltige Energiesysteme. Grundlagen, Systemtechnik und Anwendungsbeispiele aus der Praxis. Wiesbaden: 2009.

**8.2 Zeitungsartikel**

Buteweg, Jörg: Radensleben: "Die Strompreisbremse schafft Unsicherheit". In:   Badische
Zeitung, 18.03.2013.

DPA: Windparks. Regierung verfehlt Offshore-Ziele klar. In: Der Spiegel, 11.07.2013.

Fairley, Peter: Seevögel kontra Windkraft. In: Technology Review, 23.02.2007.

Lorenzen, Meike: Tennet muss Stromnetz täglich vor Zusammenbruch retten. In:
Wirtschaftswoche, 03.09.2013.

Preuß, Olaf: Siemens setzt auf das Geschäft mit Windparks im Meer. In: Hamburger
Abendblatt, 16.07.2013.

Schrader, Christopher: Klimabilanz der Kraftwerke. In: Süddeutsche Zeitung, 17.05.2010.

Uken, Marlies: Offshore-Windräder noch keine Todesmühlen für Vögel. In: Zeit Online,
12.01.2012.

Uken, Marlies: Offshore-Ziele kaum noch zu schaffen. In: Die Zeit, 11.01.2012.

**8.3 Internetquellen**

http://alpha-ventus.de/index.php?id=137

http://www.bfs.de/kerntechnik/ereignisse/standorte/karte_kw.html

http://www.bmwi.de/DE/Themen/Energie/Energiepolitik/europaeische-
energiepolitik,did=281904.html

http://www.bmwi.de/DE/Themen/Energie/Energiewende/energiekonzep
t,did=490752.html

http://www.bsh.de/de/Das_BSH/Presse/Pressearchiv/Pressemitteilungen2012/01-
2012.jsp

http://www.bundesregierung.de/Content/DE/Artikel/2012/08/2012-08-29-
neuregelungen-offshore-anbindung.html

http://foederal-erneuerbar.de/landesinfo/bundesland/NI/
kategorie/top%2010/#goto_180

http://www.oekosystem-erde.de/html/klimawandel-02.html

http://www.offshore-windenergie.net/windparks

http://scandasia.com/chinese-use-danish-expertise-to-enter-european-market/

# 9 | ANHANG

## 9.1 Abbildungen

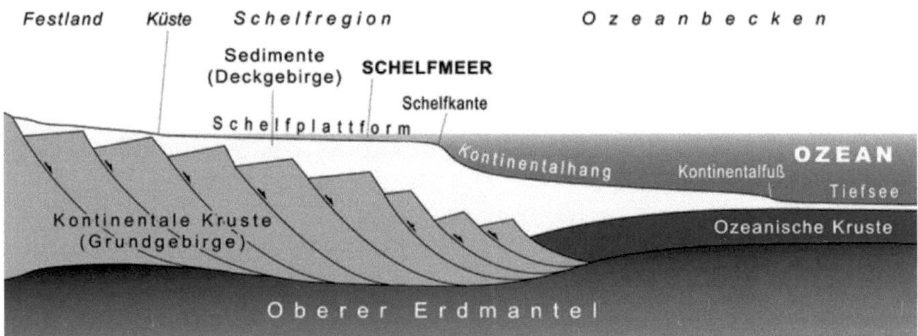



**Abb. 1: Längsschnitt durch einen passiven Kontinentalrand (überhöht)**

Quelle: http://commons.wikimedia.org/wiki/File:Transect_passive_margin.png). September 2013.

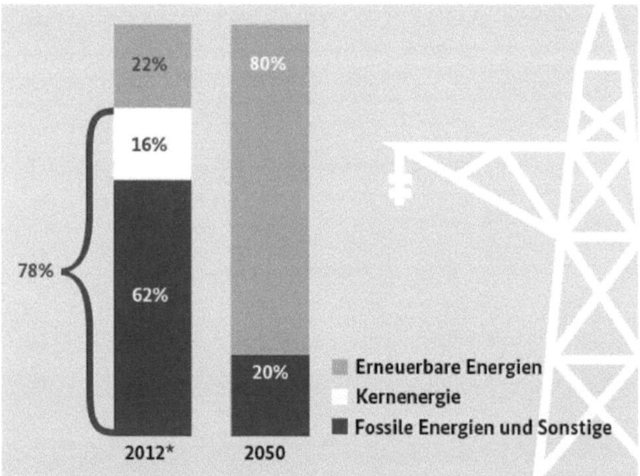



**Abb. 2: Anteile erneuerbarer und konventioneller Energieträger an der Bruttostromerzeugung 2012 und 2050; *Vorläufige Angaben (Stand: 2. Juli 2013), z.T. geschätzt. Abweichungen in den Summen durch Rundungen.**

Quelle: http://www.bmwi.de/DE/Themen/Energie/Energiewende/energiekonzept.html. September 2013.

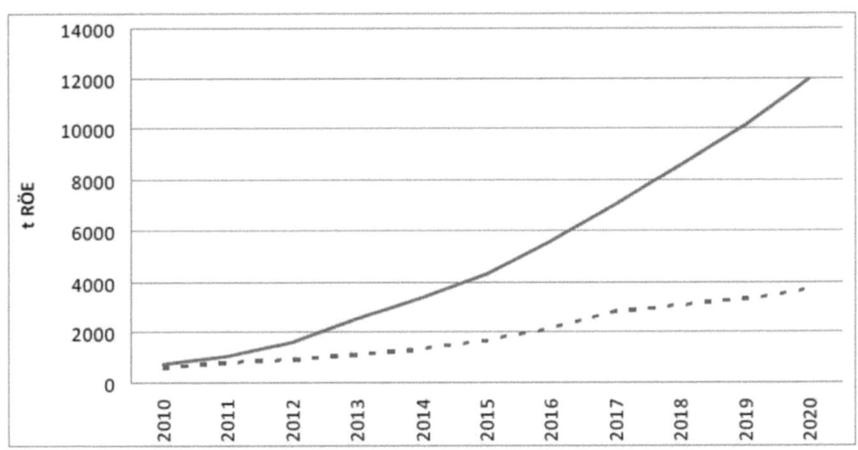

**Abb. 3: Geplanter Trend bei der Offshore-Windenergie in der EU (blau) gegenüber dem geschätzten Trend (rot/gestrichelt)**

Quelle: Europäische Kommission: Bericht der Kommission an das Europäische Parlament, den Rat, den europäischen Wirtschafts- und Sozialausschuss und den Ausschuss der Regionen. Fortschrittsbericht "Erneuerbare Energien". Brüssel: 2013. S. 6.

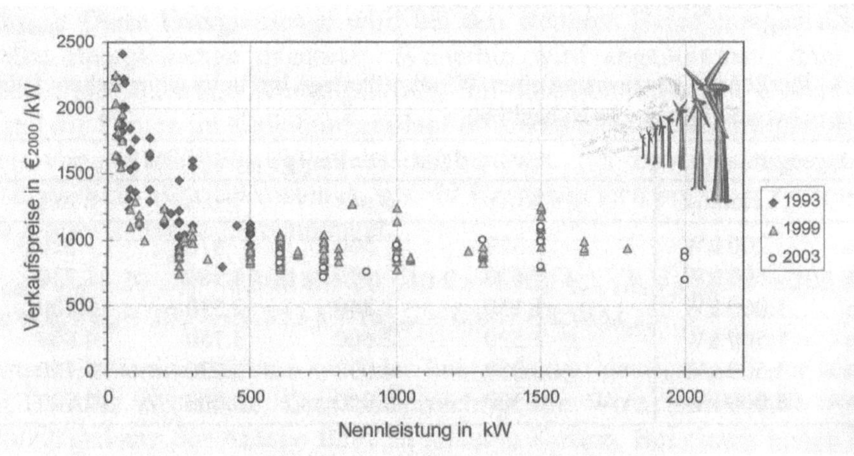

**Abb. 4: Spezifische Verkaufspreise für Windkraftanlagen in verschiedenen Jahren**

Quelle: Quaschning, Volker: Regenerative Energiesysteme. Technologie - Berechnung - Simulation. München: 2007/2008. S. 315.

_Tabelle 14:_    _Investitionskostenaufgliederung bei Onshore- und Offshore-Projekten_

|              | Onshore | Offshore |
|--------------|---------|----------|
| Turbine      | 68%     | 45%      |
| Netzanschluss| 14%     | 15%      |
| Installation | 9%      | 20%      |
| Fundamente   | 9%      | 20%      |

**Abb. 5: Investitionskostenaufgliederung bei Onshore- und Offshore-Projekten**

Quelle: Quaschning, Volker: Regenerative Energiesysteme. Technologie - Berechnung - Simulation. München: 2007/2008. S. 315.

|  | Beschäftigung durch Investitionen (einschl. Export) | Beschäftigung durch Wartung und Betrieb | Beschäftigung durch Brenn-/Kraftstoffbereitstellung | Beschäftigung gesamt 2009 | Beschäftigung gesamt 2008 | Beschäftigung gesamt 2007 |
|---|---|---|---|---|---|---|
| Wind [1] | 84.800 | 17.300 |  | 102.100 | 95.600 | 85.700 |
| Photovoltaik | 60.700 | 4.000 |  | 64.700 | 60.300 | 38.300 |
| Solarthermie [2] | 13.700 | 2.200 |  | 15.900 | 17.300 | 10.900 |
| Wasserkraft | 3.400 | 4.400 |  | 7.800 | 7.900 | 8.100 |
| Geothermie | 11.800 | 2.700 |  | 14.500 | 14.700 | 10.300 |
| Feste Biomasse | 21.000 | 26.600 |  | 47.600 | 47.800 | 48.300 |
| Biogas und flüssige Biomasse | 13.600 | 9.200 |  | 22.800 | 19.300 | 19.100 |
| Biomassebrennstoffe |  |  | 31.500 | 31.500 | 30.800 | 28.200 |
| Biokraftstoff |  |  | 26.100 | 26.100 | 23.500 | 23.900 |
| Summe | 209.000 | 66.400 | 57.600 | 333.000 | 317.200 | 272.800 |
| Beschäftigung durch öffentliche/gemeinnützige Mittel |  |  |  | 6.500 | 4.900 | 4.500 |
| Summe |  |  |  | 339.500 | 322.100 | 277.300 |

Tabelle 3: Beschäftigung durch erneuerbare Energien in Deutschland 2009, 2008, 2007

1) Offshore- und Onshore-Wind enthalten
2) Solarthermieanlagen zur Wärmeerzeugung sowie solarthermische Kraftwerke enthalten

**Abb. 6: Beschäftigung durch erneuerbare Energien in Deutschland 2009, 2008, 2007.**

Quelle: Dr. van Mark, Michael: Erneuerbare beschäftigt! Kurz- und langfristige Arbeitsplatzwirkungen des Ausbaus der erneuerbaren Energien in Deutschland. Berlin: 2010. S. 17.

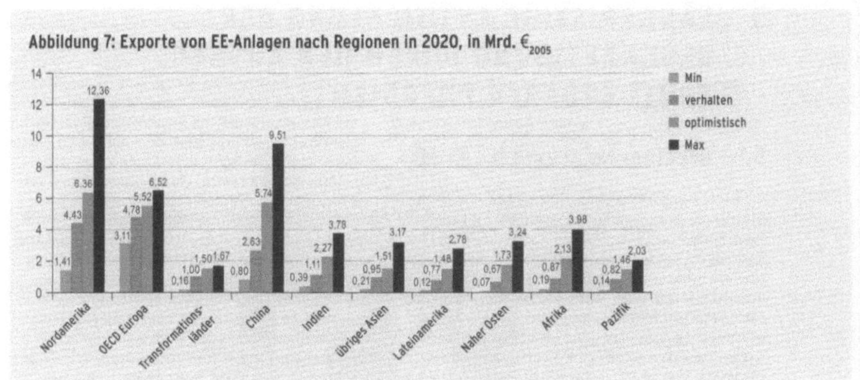


**Abb. 7: Exporte von EE-Anlagen nach Regionen in 2020, in Mrd. €**

Quelle: Dr. van Mark, Michael: Erneuerbare beschäftigt! Kurz- und langfristige Arbeitsplatzwirkungen des Ausbaus der erneuerbaren Energien in Deutschland. Berlin: 2010. S. 27.

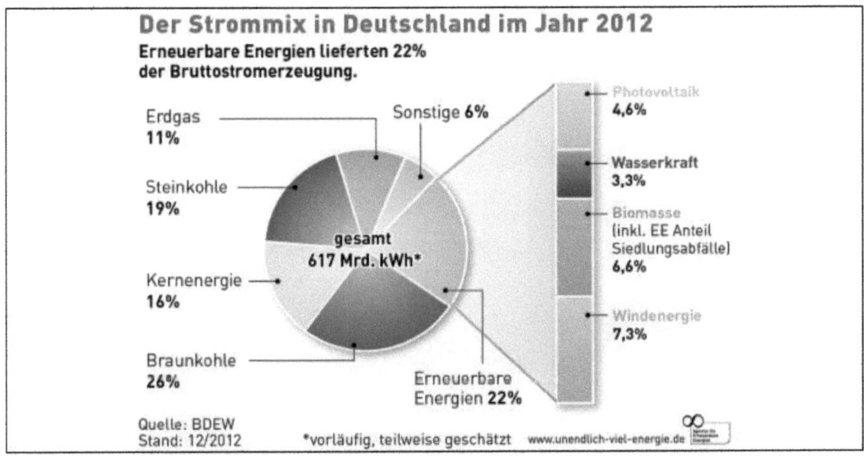


**Abb. 8: Der Strommix in Deutschland im Jahr 2012**

Quelle: http://www.solar-is-future.de/uploads/pics/strommix_brd_01.jpg. September 2013.

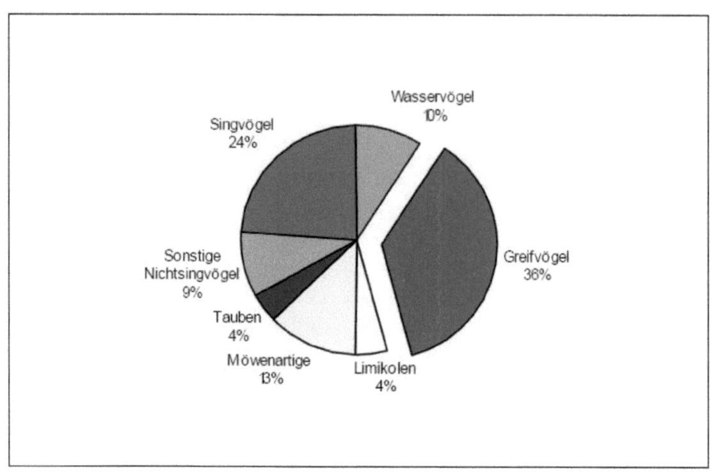


**Abb. 9: Anteil der Greifvögel an den in Deutschland dokumentierten Vögeln als Windkraftopfer ($n_{gesamt}$=389)**

Quelle: Dürr, Tobias; Langgemach, Torsten: Greifvögel als Opfer von Windkraftanlagen. Nennhausen: 2006. S. 2.

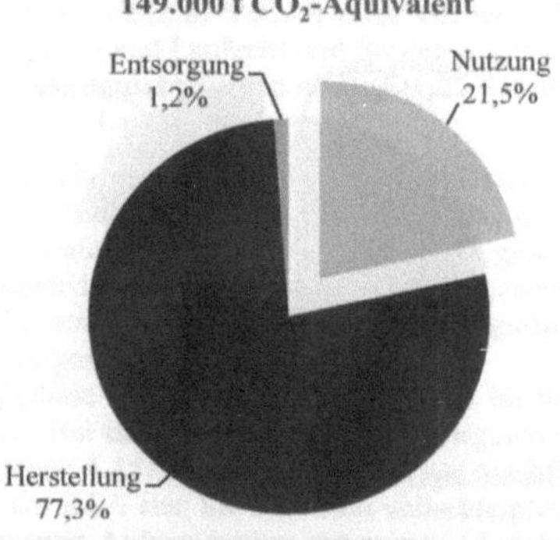


**Abb. 10: Treibhausgaspotential des Windparks alpha ventus (Referenzfall) aufgeteilt nach Lebenszyklusphasen**

Quelle: Wagner, Hermann-Josef; Baack, Christoph; Eickelkamp, Timo; Epe, Alexa; Kloske, Karin; Lohmann, Jessica; Troy, Stefanie: Die Ökobilanz des Offshore-Windparks alpha ventus. Münster: 2010. S. 34.

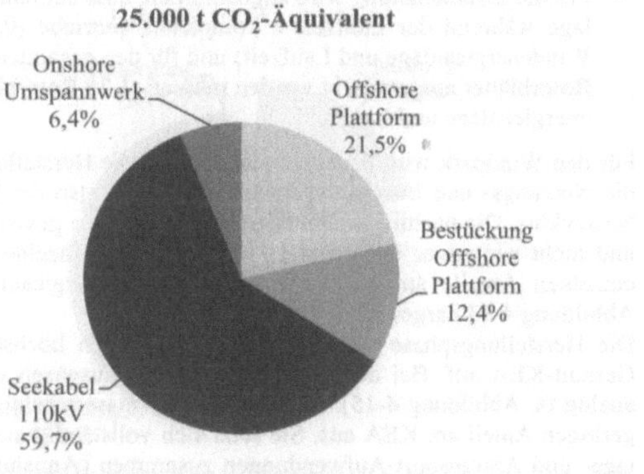

Abbildung 4-12: Aufteilung des Treibhausgaspotentials der Herstellungs-
phase der Netzanbindung des Windparks (inkl. Grün-
dung)

## Abb. 11: Aufteilung des Treibhausgaspotentials der Herstellungsphase der Netzanbindung des Windparks "alpha ventus" (inkl. Gründung)

Quelle: Wagner, Hermann-Josef; Baack, Christoph; Eickelkamp, Timo; Epe, Alexa; Kloske, Karin; Lohmann, Jessica; Troy, Stefanie: Die Ökobilanz des Offshore-Windparks alpha ventus. Münster: 2010. S. 31.

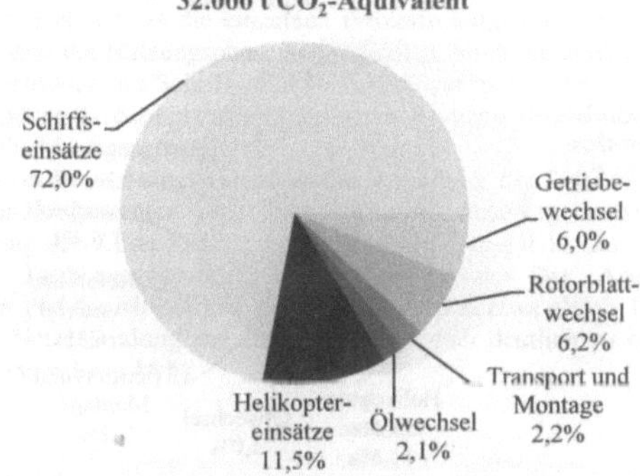


Abbildung 4-16: Treibhausgaspotential der Nutzungsphase des Windparks alpha ventus (Referenzfall)

## Abb. 12: Treibhausgaspotential der Nutzungsphase des Windparks "alpha ventus" (Referenzfall)

Quelle: Wagner, Hermann-Josef; Baack, Christoph; Eickelkamp, Timo; Epe, Alexa; Kloske, Karin; Lohmann, Jessica; Troy, Stefanie: Die Ökobilanz des Offshore-Windparks alpha ventus. Münster: 2010. S. 34.